PIERRE AVÉROUS

EXPLORATION DES OCÉANS

FLORE, FAUNE, RICHESSES MINÉRALES...

ÉCHOS ENCYCLOPÉDIES

Collection dirigée par Yves Verbeek

HACHETTE JEUNESSE

Mers et océans *occupent 71 pour 100 de la surface de la Terre. L'océan Pacifique à lui seul, est plus vaste que tous les pays du monde.*
Surface des continents : 149 000 000 km². Surface des océans : – Pacifique : 165 246 000 km² – Atlantique : 82 441 000 km² – Indien : 73 443 000 km² – glacial Arctique : 14 090 000 km².

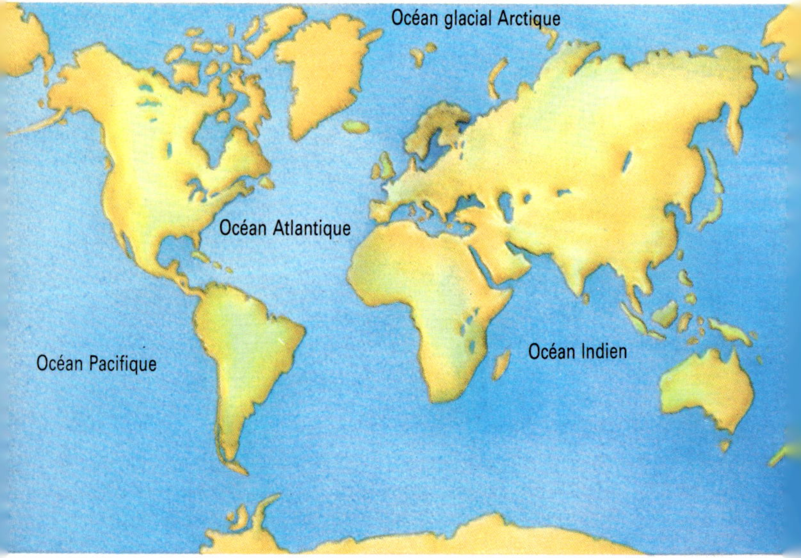

Le plus grand « vase » du monde

Si vous n'avez jamais vu la mer, alors, regardez vers le ciel...
Depuis le début de la semaine, tombe une pluie fine que dissipe aujourd'hui, par moments, un timide soleil. Vous, vous voulez sortir. Alors : « N'oublie pas de prendre ton anorak... », vous a-t-on dit. Et évidemment, il a plu !
Mais cette pluie, en définitive, d'où vient-elle ? Ce n'est tout de même pas de l'eau « tombée du ciel » comme par magie ! Non. Ce phénomène a en particulier un responsable : l'océan. Voyons cela de plus près.

Tout part d'une simple constatation : sur la plage, après un bain, le soleil vous réchauffe et vous sèche. Et de la même manière, il réchauffe l'océan. En quelque sorte, il sèche la surface liquide, par-dessus, goutte après goutte. Cette eau réchauffée par le soleil abandonne la mer sous forme d'une vapeur imperceptible (les chimistes parlent de *molécules* d'eau) et monte dans le ciel : on dit qu'elle s'évapore.

C'est donc l'océan qui sert essentiellement de « source » d'eau à l'air qui entoure notre planète, à l'atmosphère. Car ne nous y trompons pas : l'air le plus pur, le ciel le plus bleu, est rempli d'eau en suspension, même si on n'aperçoit pas le moindre nuage. Si cette invisible réserve de vapeur d'eau se vidait brutalement, elle serait capable d'inonder la Terre d'un déluge incessant pendant deux semaines, ou de faire pleuvoir quarante années de suite sur notre pays.

Mais ce n'est pas tout.

L'océan est également une immense réserve de chaleur.

Sur une plage ensoleillée, le sable est parfois brûlant, alors que l'eau vous semble à peine tiède, si ce n'est froide. Pourtant, le même soleil réchauffe vagues et plage. Ainsi sont les lois de la nature : l'eau peut recevoir autant de chaleur que le sol, tout en se réchauffant moins vite. A l'inverse, les mers se refroidissent plus lentement que la terre ferme. C'est pour cela que, la nuit, la mer paraît se réchauffer, alors qu'en réalité c'est le sable de la plage qui s'est rapidement refroidi en l'absence de soleil.

Résultat : au-dessus de la mer, l'air humide sera plus chaud ou plus froid que les terres environnantes selon les heures, les saisons. Ces différences de température créeront de violents courants d'air dans l'atmosphère, puis des formations de nuages suivies de pluies. Ainsi naissent au-dessus des flots les vents, les averses, les tempêtes, les cyclones tropicaux ou les pluies torrentielles de la mousson en Asie.

Nuages et vents sont donc, en quelque sorte, de l'eau et de la chaleur marines qui se « baladent ». L'océan — grâce au Soleil et à la rotation de la Terre, il est vrai — est bel et bien le « père » et le gardien des climats.

Comme du sirop

La pluie nous a emportés au-dessus de l'océan. Revenons maintenant à cet immense réservoir d'eau liquide.

On pense souvent que les vagues brassent et mélangent l'eau des océans, comme s'il s'agissait d'une baignoire géante (certaines vagues peuvent atteindre 30 mètres de haut, ce qui noierait un immeuble de plus de 10 étages). Pas du tout ! Tempêtes, tornades, cyclones, n'affectent que la surface marine. Quelques dizaines de mètres tout au plus. En dessous, les milliers

de mètres d'eau des profondeurs ne sont jamais réchauffés, et demeurent éternellement froids. Moins de 4 °C, telle est la température moyenne de l'eau des océans au-dessous des remous de la surface. Plus froide que l'eau d'un torrent montagnard descendant des glaciers.

Cependant, cette eau froide océanique n'est pas totale-

L'évaporation marine *retire chaque année 430 000 km^3 d'eau aux océans. Cette eau retombe sous forme de pluie ou de neige, car si elle ne retombait jamais, le niveau marin de tout le globe s'abaisserait de plus d'un mètre par an. De quoi assécher les océans en 4 000 ans !*

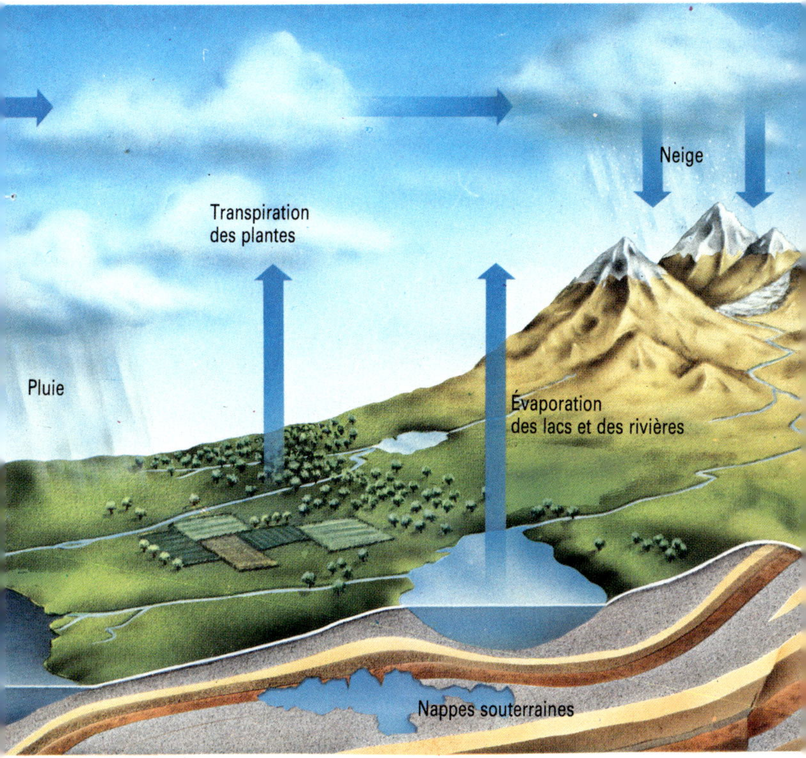

La couleur de la mer

La lumière « blanche » est en réalité un mélange de toutes les couleurs de l'arc-en-ciel.
Dans la mer, c'est la lumière de couleur bleue et violette qui pénètre le plus profondément. Toutes les autres couleurs sont rapidement arrêtées par l'eau, totalement absorbées (c'est ce qui réchauffe l'eau et permet la vie). Voilà pourquoi la mer semble bleue.
Le plancton microscopique ou la terre en suspension peuvent également en changer la couleur. Et un ciel nuageux donne aux vagues une triste couleur grise en se réfléchissant dessus.
Au-delà de quelques centaines de mètres de profondeur règne une nuit éternelle : la lumière du jour ne peut jamais y parvenir.

Lors d'un cyclone, *les vents peuvent souffler à plus de 200 km/h. L'air océanique tropical, chaud et humide, est entraîné dans un tourbillon qui ravage tout lorsqu'il arrive sur les côtes. Tel le cyclone « David » qui dévasta la Martinique en 1979.*

Pour les Japonais, *les drames de la mer font partie de la vie quotidienne, depuis toujours. (Gravure du XIXe siècle.)*

ment immobile. Que s'y passe-t-il ? Lorsque vous versez lentement du sirop dans un verre d'eau, il se dépose au fond du verre, parce que chaque goutte de sirop est plus lourde que les gouttes d'eau qui l'entourent. Eh bien, sachez qu'une goutte d'eau froide est toujours plus lourde qu'une goutte d'eau chaude de même taille (on dit que l'eau froide est plus « dense » que l'eau chaude). Tout comme l'eau salée est plus lourde — plus dense — que l'eau douce. Bien sûr, les différences sont faibles : quelques grammes par litre d'eau. Cela suffit malgré tout à empêcher des eaux différentes de se mélanger facilement — comme le sirop et l'eau — lorsqu'elles se déversent les unes dans les autres.

Aussi, près du continent antarctique et à une moindre échelle près du Groenland, l'eau océanique polaire, froide et salée — la plus lourde des océans — « plonge »-t-elle lentement vers le fond, comme disent les spécialistes. Cette eau froide antarctique circule en léchant le fond des océans pendant des années, jusqu'à des milliers de kilomètres de son lieu d'origine, parcourant à peine quelques kilomètres par jour. Au-dessus d'elle, glissent d'autres couches d'eau plus légères, plus chaudes, en provenance de régions plus tempérées. Dans les régions équatoriales surnagera parfois de l'eau très peu salée, déversée par les pluies et les grands fleuves, réchauffée par l'ardeur du climat. C'est l'eau la plus légère des océans.

Des fleuves sans berges : les courants

Si l'eau des océans circule lentement en profondeur, en de larges couches — et souvent même en sens inverse les unes par rapport aux autres —, près de la surface il en va tout autrement à cause des vents. Soufflant des jours durant dans la même direction en « frottant » la mer, le vent finit par entraîner l'eau de la surface. Comme lorsque vous soufflez sur votre bol de chocolat ou de café au lait pour le refroidir. Cette eau mise en mouvement par le vent crée de véritables fleuves de courant au milieu des océans. Des fleuves sans berges... puisque bordés d'eau !

Les mouvements des masses d'eau des océans sont également influencés par la rotation de la Terre sur elle-même. Comme les vents, ces courants forment en surface de larges boucles de part et d'autre de l'équateur, tournant dans le sens des aiguilles d'une montre dans l'hémisphère Nord, en sens inverse dans l'hémisphère Sud.

Cependant, l'eau chassée de la surface par les vents doit évidemment être remplacée. Elle l'est en particulier par l'eau profonde qui remonte par endroits, « aspirée » par le courant. Ces remontées d'eau sont en général localisées le long des côtes ouest des continents. Elles sont primordiales pour la survie des océans comme nous le verrons plus loin. Le long de l'équateur, de gigantesques « tubes » de courants sous-marins compensent également les échanges de masses d'eau en circulant à contre-sens des courants de surface.

L'étrange monde des courants et des vagues, mêlant intimement océan et atmosphère, est si important pour notre planète qu'il est étudié avec le plus grand soin par des spécialistes : les océanographes physiciens.

Ces chercheurs étudient également les marées qui font monter et descendre le niveau de la mer. Ce phénomène est dû à l'attraction qu'exercent les masses de la Lune et du Soleil sur l'eau des océans.

Dans l'océan Atlantique, *les courants froids venus des pôles se mêlent aux courants chauds équatoriaux. Le seul Gulf Stream charrie 20 fois plus d'eau que tous les fleuves de la Terre, à une vitesse qui peut atteindre 10 km/h.*

Plus que du sel : des sels

Chaque litre d'eau de mer contient une cuillère à café de sel (environ 35 grammes). L'océan dans son ensemble en contiendrait suffisamment pour en recouvrir toutes les terres d'une épaisseur de 150 mètres ! Quand on parle de « sel », on pense immédiatement au sel de cuisine (aussi appelé « chlorure de sodium »). Pourtant, les chimistes dénombrent dans l'eau de mer de nombreux autres sels baptisés chlorures, sulfates, bicarbonates, bromures... de potassium, de calcium, de magnésium... Car pratiquement tous les corps présents sur la Terre, tous les *éléments chimiques,* se retrouvent dilués dans la mer. Ils proviennent des continents, apportés par les rivières ou les vents, mais aussi des éruptions volcaniques sous-marines.

Certains sels, 10 000 fois plus dilués que le sel de cuisine, apportent aux algues les éléments indispensables à leur croissance, comme l'azote ou le phosphore. Sans ces sels, dits « nutritifs », véritables engrais des mers, aucune vie n'existerait dans les océans. Lorsqu'ils sont localement épuisés, toute croissance s'arrête : les algues attendent une nouvelle arrivée de sels depuis les profondeurs qui en sont riches pour se multiplier. Ceci explique l'importance vitale des remontées d'eau profonde le long de certaines côtes.

Une exploration difficile

Que dissimule l'eau froide et nonchalante des profondeurs océanes ? Un désert plat, sablonneux, ou au contraire un paysage semblable à ceux que nous offre la terre ferme, avec monts et vallées ?

Ces paysages des grands fonds, aucun homme ne les a jamais vus dans toute leur ampleur. Et personne ne les verra vraisemblablement jamais, à cause de la difficulté qu'éprouve la lumière à circuler dans l'eau. Les explorateurs du fond des mers, enfermés dans leurs submersibles, ont beau allumer les plus puissants projecteurs, les trouées de lumière ne percent qu'une dizaine de mètres. Guère plus. Comme par temps de brouillard, un éclairage plus violent ne servirait à rien, sinon à éblouir son utilisateur. Alors, que faire ?

On ne peut qu'imaginer, reconstituer les paysages des grands fonds. C'est ce que tentent de faire les savants. Tout d'abord, ils mesurent la profondeur de la mer. Le plus fréquemment possible. 3 260 mètres ici, 1 510 là... 6 870 là

Dans les marais salants — *ici en Espagne — le sel est recueilli après évaporation de l'eau de mer, avant d'être nettoyé et empaqueté.*

Des marées partout ? Oui, mais...

Pourquoi, en Méditerranée, la marée n'est-elle que de quelques dizaines de centimètres, alors qu'elle dépasse 13 mètres au fond de la baie du Mont-Saint-Michel, en Normandie ? Cela est dû aux formes et aux dimensions différentes des étendues marines. La mer Méditerranée est une mer fermée, trop « petite » pour que les marées s'y « balancent » avec ampleur, d'une rive sur l'autre. En revanche, l'immensité du bassin Atlantique permet à la marée de s'amplifier ; les rives en entonnoir et la pente douce du fond de la baie du Mont-Saint-Michel augmentent encore considérablement cet effet.

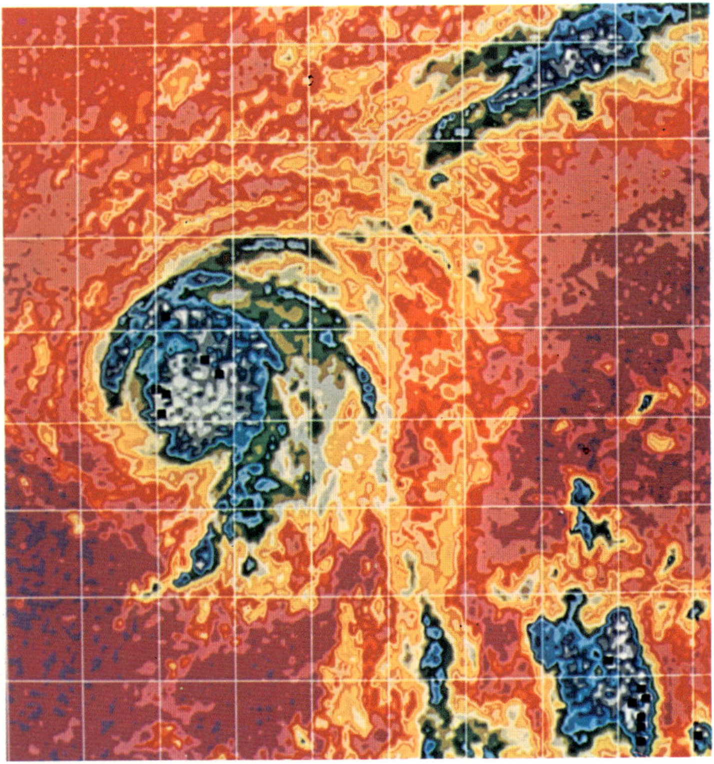

Grâce aux satellites artificiels *les scientifiques observent les océans de jour comme de nuit, même à travers les nuages. Cela permet de détecter la hauteur des vagues, les courants, les icebergs, les zones de pollution, etc. « Seasat » lancé en 1978 (à droite) a par exemple révélé les anomalies cachées du relief du fond des océans. Et le cyclone Camille a été dépisté par un satellite « Nimbus », en 1969, alors qu'il traversait le golfe du Mexique (ci-dessus).*

encore, indiquent les « sondeurs acoustiques » placés sous la coque des navires de recherche. Et ainsi, patiemment, comme à tâtons, les cartes des fonds marins se dessinent et s'améliorent sans cesse.

Certes, leur précision n'égale pas celle des cartes terrestres dressées d'après des photographies aériennes. Mais qu'importe : elles permettent quand même de découvrir les grands traits du visage invisible des vastes espaces noyés.

Certains sondeurs actuels, très complexes, permettent de restituer le relief du fond des mers, mais seulement sur des surfaces réduites. Dès que l'on s'éloigne du *plateau continental* sous-marin, entaillé de profonds *canyons,* le plus souvent défile sous les navires une plaine monotone aux environs de 4 000 ou 5 000 mètres de profondeur.

Au milieu de cette *plaine abyssale* se dresse une longue barrière montagneuse, la *dorsale,* qui serpente sur plus de 60 000 kilomètres au fond de tous les océans. Une fois et demie le tour de la Terre ! Dans l'océan Atlantique, par exemple, cette dorsale montagneuse dépasse des flots pour former l'Islande et les îles Ascension, Tristan da Cunha ou encore l'archipel des Açores. En réalité, ces îles sont d'immenses volcans égrenés sur le haut de la dorsale.

Cela voudrait-il dire qu'il existe des volcans enfouis sous la mer, perchés au sommet des dorsales ? Oui. Et ils sont certainement beaucoup plus nombreux que tous les volcans que nous connaissons à l'air libre. Sans compter qu'ils ne sont pas les seuls volcans sous-marins. Çà et là, au milieu même de la plaine abyssale, loin des dorsales, montent d'impressionnants édifices volcaniques, sans que les spécialistes s'expliquent toujours parfaitement leur présence. La trace visible de panaches brûlants qui s'animent dans le manteau de la Terre, estime-t-on le plus souvent.

Enfin, le plancher océanique s'enfonce par endroits à plus de 10 ou 11 kilomètres sous les flots. Ce sont de rares *fosses* capables d'engloutir plus de deux fois no-

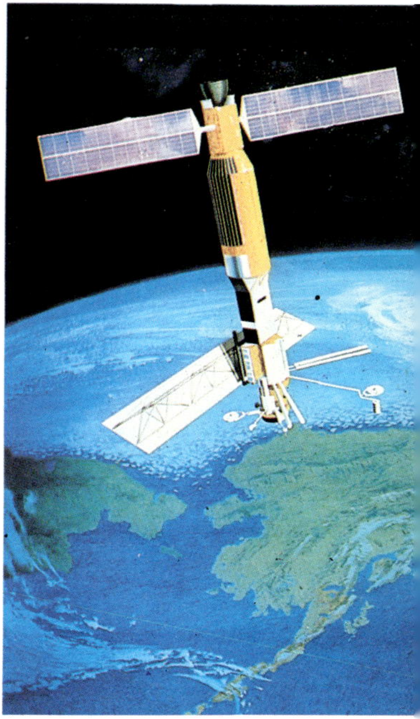

tre mont Blanc. Elles ne représentent qu'une petite fraction de la surface totale du fond des océans.

Des « cimetières » et des éboulis

Restait à savoir quel aspect avait le sol de ces monts et de ces plaines. Était-ce du sable ? Des galets ? Ou bien de la boue, comme au fond des lacs ? Ni l'un ni l'autre. Telle est la réponse qu'ont livrée les milliers d'échantillons prélevés automatiquement au fond des océans par des carottages, des dragages, etc. Et les premières excursions exploratrices ont abouti à la même conclusion.

Tout cela est finalement très normal. Les galets, les graviers, les grains de sable, sont lourds. D'origine terrestre, ils ne peuvent être emportés très loin par les courants sous-marins ou à plus forte raison par les vents. Seuls d'infimes poussières ou des grains de pollen peuvent réellement parvenir au fond des mers. Mais ils ne suffisent pas à expliquer les centaines de mètres d'épaisseur de « boues » qui recouvrent les plaines abyssales — les *sédiments,* disent les spécialistes. De quoi ensevelir largement la tour Eiffel.

Puisque les sédiments océaniques, loin des côtes, ne peuvent provenir des continents, d'où viennent-ils ? Chaque grain microscopique de la boue sédimentaire est en réalité un squelette — le squelette des minuscules êtres vivants qui peuplent toutes les mers : le plancton. Nous en reparlerons, mais retenons pour l'instant que son inimaginable cimetière recouvre toutes les plaines et le pied de tous les monts abyssaux. Même si dans certains cas l'eau de mer a tendance à le dissoudre.

Quant aux pentes des volcans et des dorsales, elles sont souvent pavées d'éboulis de lave — le basalte — que saupoudre çà et là un premier voile de sédiment.

Par endroits, le fond des océans est recouvert égale-

La soucoupe « Cyana », *du Centre national pour l'exploitation des océans, est descendue à 2 800 mètres de profondeur pour étudier la dorsale du Pacifique Est, au large du Mexique (campagne Cyatherm, février 1982). A son bord, les géologues ont découvert des cheminées qui crachent une vapeur brûlante (jusqu'à 350 °C !) chargée de métaux divers (fer, cuivre, zinc...). Tout autour, vivent des crabes, des moules et des vers géants, encore mal connus des biologistes.*

ment par d'étranges champs réguliers de truffes caillouteuses appelées *nodules*. Ces pierres, très riches en métaux divers, se forment à la suite de phénomènes chimiques encore mal connus.

Les spécialistes qui étudient les fondements et la couverture du relief sous-marin sont des océanographes géophysiciens et géologues. Leurs conclusions sont indispensables pour rechercher pétrole et minerais.

Les océans aujourd'hui...

Comment peut-on imaginer l'importance des étendues océaniques sur notre planète ? Les chiffres, énormes, parlent-ils vraiment ? Ils sont tellement éloignés de notre vie quotidienne, de notre échelle humaine, que l'on peut en douter. Alors, essayons de les « raconter ».

La surface de notre planète est vaste comme 1 000 fois la France. Si l'on ramenait ceci

***Les géophysiciens étudient** les fonds marins en enregistrant, depuis la surface, la vitesse des ondes sonores dans le sous-sol.*

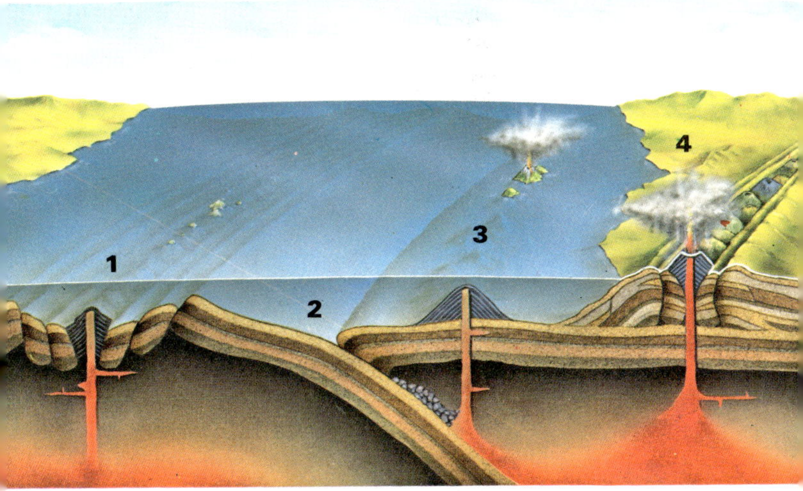

Dorsale (1), fosse (2), arc volcanique (3) et cordillère côtière (4).

« Mouvements » dans les profondeurs

Lorsque, dans ce ballet rythmé par les millions d'années, une portion de croûte terrestre vient à se bloquer et à gêner l'écartement du fond des océans, elle peut alors « monter » sur la portion voisine sous-marine. Appuyant de tout son poids, elle la force à ployer, à s'enfoncer dans le manteau de la Terre : ce sont les profondes fosses abyssales. Les frottements titanesques qui s'ensuivent, chauffent et fondent les roches en profondeur. Ce magma fondu cherche à regagner la surface du sol pour pouvoir se répandre : ce sont les longs chapelets volcaniques — ou les monts sous-marins — qui bordent les fosses. Telle est par exemple l'origine du Japon, ou des volcans de la cordillère des Andes.

à la superficie d'un appartement de 10 pièces, cela voudrait dire que 7 pièces seraient inutilisables, car noyées sous les eaux. L'étendue totale de la surface océanique pourrait être celle d'un fleuve de 2 kilomètres de large qui irait jusqu'au Soleil ! Quant au volume d'eau que cela représente, il suffirait à remplir une canalisation aussi grande qu'un tunnel, qui s'étirerait des milliers de fois jusqu'au Soleil...

La répartition de cette eau autour du globe est toutefois déséquilibrée : les océans Pacifique, Atlantique et Indien inondent essentiellement l'hémisphère Sud, laissant davantage de terres émergées dans la moitié nord de la Terre.

Le fond des océans
1. Dorsale de l'Atlantique. 2. Plaine abyssale de Biscaye. 3. Cône du Saint-Laurent. 4. Plaine abyssale d'Hatteras. 5. Açores. 6. Cône de l'Amazone. 7. Canyon du Congo. 8. Plaine abyssale d'Argentine. 9. Plaine abyssale du Cap. 10. Tristan da Cunha. 11. Plateau des Aiguilles. 12. Dorsale de l'océan Indien. 13. Plateau des Kerguelen. 14. Fosse des Sandwich du Sud. 15. Fosse du Pérou-Chili.

2
7
12
9
10
11
13

... et autrefois

Cependant, il n'en a pas toujours été ainsi. On sait par exemple que voici environ 200 millions d'années — du temps des dinosaures — un seul continent émergeait au centre d'un immense et unique océan. Puis, avec la lenteur des événements géologiques, qui semble une éternité pour une vie humaine, ce continent s'est fracturé, brûlé par-dessous par des panaches de magma montés des profondeurs du manteau terrestre. Les morceaux se sont écartés, poussés par la montée des laves qui empêchent sans cesse ces blessures de la croûte de cicatriser. Ce sont les continents actuels. Quant aux fissures qui s'élargissent inlassablement, envahies par les eaux, elles forment les océans. C'est le cas de la mer Rouge qui est en réalité un océan en train de naître. Les blessures elles-mêmes, toujours actives, sont les dorsales.

Cette histoire des derniers 200 millions d'années de la croûte terrestre peut vous sembler sortir de la nuit des temps ; pourtant, notre planète est 20 fois plus vieille (4 600 millions d'années). Que s'est-il passé entre-temps dans la répartition des océans ? Nul ne le sait avec certitude. Les roches qui pourraient nous en conter l'histoire ont été englouties dans les événements géologiques successifs de la planète d'où sont issues les montagnes. Seuls témoignent quelques pans plissés ou complètement transformés par les « chocs » des continents.

Notre Terre il y a 200 millions d'années.

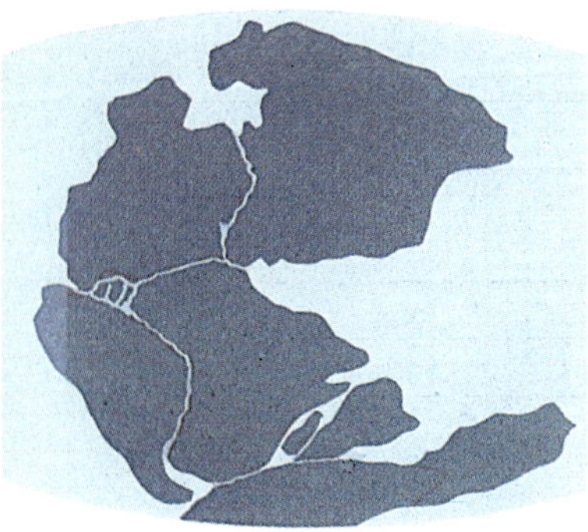

Il y a 65 millions d'années.

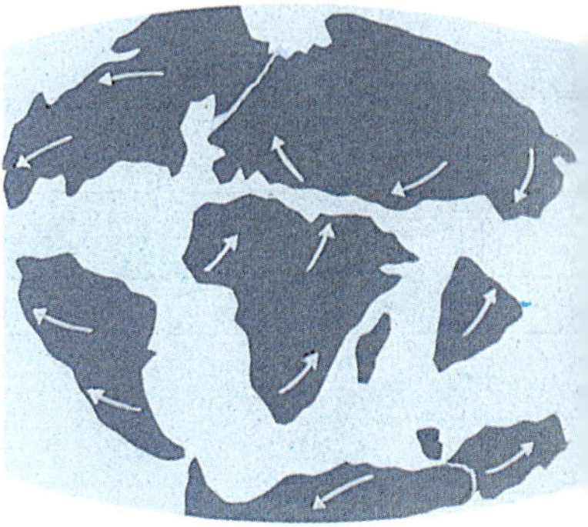

L'eau solide des calottes glaciaires

L'évaporation de la surface des océans entraîne les pluies, mais aussi les chutes de neige. Et la neige qui tombe depuis des milliers d'années sur les régions polaires se glace en couches successives, formant une immense calotte : l'inlandsis. L'étude de ces couches glacées permet de connaître les climats que la Terre subit depuis des siècles (refroidissement, réchauffement). Le seul continent antarctique est recouvert par une calotte de glace de près de 4 000 kilomètres de diamètre et de 4 kilomètres d'épaisseur en son milieu : les 90 pour 100 de toute la glace qui existe sur la Terre sont ici.
Si cette fantastique réserve d'eau solide fondait tout à coup, le niveau marin monterait de 80 mètres, noyant Paris, Londres, la Hollande... Au contraire, si le climat se refroidissait encore — ce qui est arrivé dans le passé de la planète —, calottes et glaciers retiendraient alors tellement d'eau, que tous les ports du monde se trouveraient à plus de 100 mètres d'altitude, au cœur des terres.

Un aquarium fantastique

Les tempêtes et les pluies se sont calmées. C'est à présent l'heure de la promenade sur la plage, les pieds battus par l'écume qui roule sable et débris de coquillages mêlés à des restes de varech. Au loin, galets et rochers prolongent une falaise que vient lécher la mer à marée haute. Plus tard, en se retirant, les vagues laisseront algues et crabes se débattre avec leur univers qui s'échappe...

Pour chacun de nous, la mer est peuplée de poissons, de coquillages, de pieuvres, de crabes, de méduses... Mais plus précisément, qu'en connaît-on vraiment ?

Voilà un peu plus d'un siècle que les spécialistes des espèces vivantes plongent filets et nasses dans l'océan pour tenter d'en dénombrer et d'en classer tous les spécimens. Leur travail est loin d'être terminé, car il est gigantesque. Pensez ! il existerait plus de 200 000 espèces marines animales, toutes différentes, baptisées chacune d'un nom qui la caractérise sans erreur possible (alors qu'un gros dictionnaire ne contient que 50 000 mots). Ces noms d'espèces sont exprimés en latin pour permettre aux spécialistes du monde entier de se comprendre entre eux. Ils décrivent une forme, un aspect... ou rappellent tout simplement le nom de tel ou tel savant. Cet incroyable inventaire est rassemblé en grands chapitres, en grands « groupes » d'animaux, eux-mêmes divisés en *ordres, familles, genres...*

Une seiche *dévore une crevette qu'elle vient de capturer.*

Parmi les premiers animaux pluricellulaires *de la Terre, les méduses hantent les océans depuis plus de 500 millions d'années.*

Des carapaces et des coquilles

Prenez les crabes par exemple, ou les crevettes. Ce sont des *crustacés,* cousins de nos insectes terrestres. Ils portent antennes et pattes articulées, et sont recouverts d'une carapace, d'une « croûte », qu'ils agrandissent par mues successives, d'où leur nom. Mais pour les spécialistes, les curieuses balanes qui encroûtent par myriades les rochers battus par la mer sont également des crustacés. Comme les homards, les bernard-l'ermite et bien d'autres encore. Au total, plusieurs dizaines de milliers d'espèces...

Pour les savants, les coquillages sont des *mollusques* c'est-à-dire des « corps mous » — des plus ordinaires comme les moules, aux plus incroyables, dont les collectionneurs achètent à prix d'or les coquilles. Les mollusques utilisent le plus souvent un grand pied musculeux pour se déplacer ou creuser la vase. Le record de taille est détenu par le « bénitier » dont la coquille peut dépasser 1 mètre et peser 250 kilos. Mollusques sont également les bigorneaux et autres escargots de mer, sans oublier bien entendu les pieuvres et calmars de toutes sortes. Une diversité de près de 50 000 espèces pour tous ces mollusques.

Fausses fleurs et vrais piquants

Si vous avez déjà plongé avec un masque, ou plus simplement visité un aquarium, vous aurez certainement découvert des méduses, des ané-

Chez les oursins, *les produits sexuels mâles et femelles sont rejetés dans la mer, où s'effectue la fécondation. Cette fécondation externe est très fréquente dans le milieu marin. Certains poissons expulsent ainsi plus d'un million d'œufs par ponte !*

mones de mer ou des coraux dans leur milieu. Ce sont tous des animaux, et non des plantes, malgré leur aspect parfois trompeur. Ils sont appelés *cnidaires.* Cela veut dire qu'ils donnent des démangeaisons quand on les touche, car en grec — l'autre langue qui, avec le latin, est à l'origine des noms scientifiques — *knidos* signifie ortie. Là encore, les savants dénombrent plus de 10 000 espèces de ces êtres urticants.

Quant aux boules d'épines peu accueillantes des oursins, elles sont parentes des splendides étoiles de mer. Parente également, l'étonnante holothurie, ou « concombre de mer », sorte de limace ou de mini ballon dirigeable translucide orné de cornes molles. Ou encore le lis de mer, qui existe dans les océans depuis 500 millions d'années. Tous ces animaux d'apparence si disparate sont en fait recouverts d'une peau porteuse de piquants plus ou moins visibles, ce qui leur vaut le nom rébarbatif d'*échinodermes,* c'est-à-dire « peau de hérisson ». Cette peau découpe sur leur corps 5 régions identiques, un peu comme une galette découpée en 5 portions, même lorsque rien n'y paraît au premier abord. Les échinodermes regrouperaient quelque 6 000 espèces.

N'oublions pas les vers (plus de 10 000 espèces). Ni les éponges. A ce propos l'éponge de bain vendue en pharmacie est le squelette d'un de ces animaux sans organe véritable. Mais 5 000 autres espèces animales se partagent également le monde des éponges.

Dans les mers vivent également d'autres animaux de moindre importance comme les *ascidies* — ce qui signifie en grec « petite bourse » — tel le « violet » de la Méditerranée. Ou encore certains reptiles comme les tortues marines et quelques rares serpents qui hantent les mers chaudes.

Pour mieux évaluer ces chiffres, il suffit de se souvenir que sur terre, tous les mammifères — de l'éléphant à la souris en passant par l'homme — ne représentent guère que 4 000 espèces. Douze fois moins de variétés que chez les seuls mollusques marins !

Parmi les poissons

Mais en même temps s'épanouit dans l'océan le vaste monde des poissons. A nos yeux, il constitue d'abord une précieuse réserve alimentaire. Pourtant, bien qu'on dénombre environ 20 000 espèces de poissons, nous ne mangeons guère plus de quelques dizaines d'entre elles. On recon-

La serpule est un ver marin *dont le corps est protégé par un tube calcaire qui le fixe sur le fond. Son panache collecte particules et organismes dont le ver se nourrit.*

A Cuba, de futures « éponges de bain » sèchent au soleil.

L'énorme raie manta *peut avoir 7 mètres d'envergure. Contrairement à la majorité des poissons, elle ne pond pas d'œufs. Elle met au monde des jeunes déjà formés, en bondissant hors de l'eau.*

naît ces espèces comestibles à leur forme, à leurs nageoires : sardines, maquereaux, lieus, roussettes, thons...

Ce que l'on sait moins, c'est que les étonnants hippocampes sont également des poissons, alors que la lamproie d'apparence proche de l'anguille n'est pas un vrai poisson, mais un très rare « agnathe » (en grec : sans mâchoire). Cette seule absence de mâchoire suffit en effet à exclure la lamproie des poissons au sens strict. C'est dire combien il faut se méfier de toute fausse ressemblance lorsqu'on observe la nature !

Autre exemple de détails peu visibles auxquels s'intéressent les spécialistes qui étudient les poissons : les arêtes. Si la majorité des poissons ont un réel squelette osseux, certains ne sont charpentés que de cartilages : ce sont les requins et les raies classés dans un chapitre à part. Malgré les légendes, tous les membres de ces familles ne sont pas dangereux. L'énorme raie manta ou le requin pèlerin — des monstres de plusieurs tonnes — se nourrissent paisiblement du minuscule plancton. Et nous, lorsque nous mangeons de la roussette, nous mangeons du requin...

Et bien sûr, tout le monde connaît les baleines, les dauphins, les cachalots, les marsouins, les orques dont nous reparlerons plus tard. Mais attention : Ce ne sont pas des poissons mais bel et bien des mammifères, cousins des hommes, qui sont retournés à la mer. ce sont des *cétacés*.

Lors de l'accouplement, l'hippocampe mâle *reçoit les œufs de la femelle dans une poche ventrale. Les petits sont ainsi « couvés » par le père, jusqu'à leur naissance.*

Une « bouillie » indispensable : le plancton

Pour beaucoup de personnes, le *plancton* est « quelque chose » de minuscule qui vit on ne sait trop comment dans le pays des vagues. La réalité est beaucoup plus complexe. Le plancton, c'est un monde à lui tout seul. Un monde d'algues et d'animaux où de paisibles brouteurs se font dévorer par de terribles carnassiers. Un monde dont le fantastique foisonnement rivalise largement avec celui de notre environnement terrestre aérien. Regardons-le vivre.

Le mot *plancton* signifie, en grec, « qui erre de-ci delà ». Parce que ces espèces sont trop petites pour lutter efficacement contre les courants et ne peuvent donc que se laisser entraîner.

Parmi les animaux planctoniques — ou zooplancton, car

De nombreux mammifères et oiseaux vivent de la mer. *Dans les îles australes, des éléphants de mer combattent devant des manchots royaux. Ce sont tous deux des pêcheurs voraces, derniers maillons de la chaîne alimentaire marine. A moins qu'ils ne terminent à leur tour leur vie sous la dent d'un orque redoutable...*

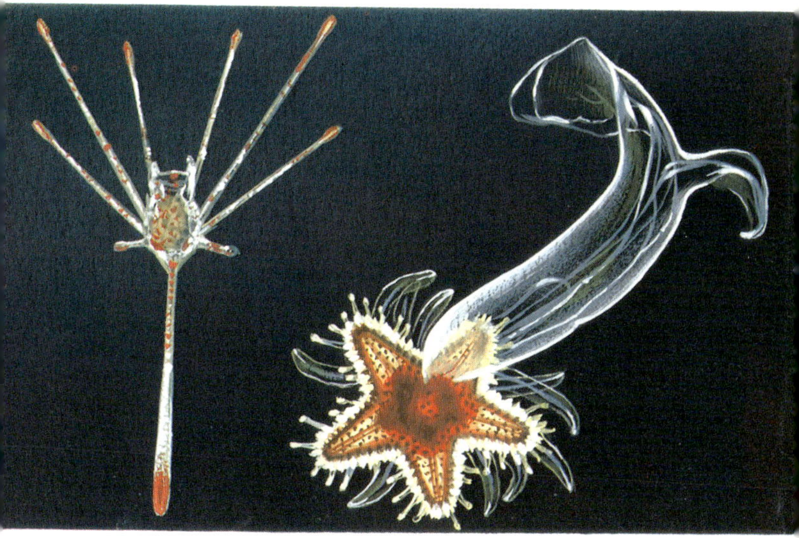

Au sein du plancton animal, *grandissent les larves d'innombrables espèces marines. Comme ici ces larves d'oursin (à gauche) et d'étoile de mer (à droite).*

« zoo » signifie animal — certains ne vivent en errant que les premiers moments de leur vie. Leur enfance en quelque sorte. Ce sont des œufs et des larves de poissons, d'oursins, de crabes, de crevettes, de vers, d'étoiles de mer, etc. Une fois adultes, ils partiront rejoindre leurs congénères en nageant vigoureusement, ou en se laissant tomber sur le fond pour s'y installer et vivre leur vie, oubliant leur enfance planctonique.

Au contraire, d'autres animaux demeurent planctoniques toute leur vie. Tel est le cas des minuscules copépodes qui envahissent les océans (ce sont des crustacés) ou des chétognates, sortes de vers ressemblant à de petits vermicelles chinois translucides.

Enfin, de microscopiques animaux constitués d'une seule cellule vivante — on dit *unicellulaires* — flottent également au sein de l'univers planctonique (les radiolaires, les foraminifères...). « Sans importance », pensera-t-on... à tort. Ce sont, en effet, leurs

De nombreuses expériences de « maisons sous la mer » *ont permis à l'homme de tester ses aptitudes à vivre sous l'eau, mais également d'observer le monde aquatique.*

minuscules squelettes qui, précisément, s'entassent sur le fond des océans et forment une grande partie des sédiments océaniques.

Hélas ! Si vous voyez un jour le résultat d'une pêche de plancton, vous risquez d'être déçu : un amas de gélatine informe ressemblant à un potage au tapioca, pigmenté çà et là de taches rouges ou bleues, tassé au fond d'un bocal. Néanmoins, des êtres fabuleux sous la loupe ou le microscope ! Et certains sont lumineux !

Des animaux, mais aussi des plantes

Le plancton, en effet, possède également ses végétaux : le phytoplancton (*« phyto »*, en grec, signifie « plante »). Ce sont des algues elles aussi unicellulaires. Elles possèdent de minuscules armatures dures qui s'entassent également sur le fond des mers après leur mort.

Parmi ces algues, un rôle majeur est joué par plus de 10 000 espèces de *diatomées.* Leur cadence de reproduction est fantastique : jusqu'à 1 000 descendants pour une seule diatomée en une semaine. En trois semaines, 4 diatomées ont autant d'algues-filles qu'il y a d'êtres humains sur la Terre ! Les *di-*

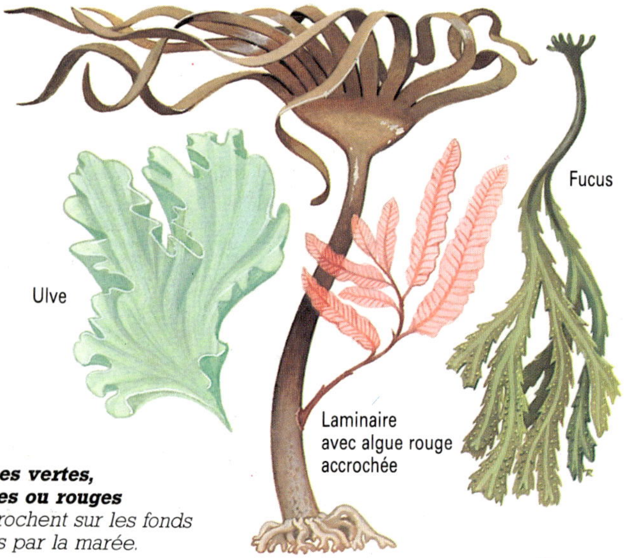

Algues vertes, brunes ou rouges
s'accrochent sur les fonds battus par la marée.

noflagellés sont également des algues très communes du phyto-plancton microscopique.

Chez certaines espèces planctoniques, l'explosion des naissances colore parfois la mer en rouge sang, brun chocolat, blanc laiteux... Plus simplement, regardez l'océan Atlantique. Son eau est souvent plus verte que celle de la mer Méditerranée. C'est uniquement à cause de sa richesse en algues planctoniques teintées de vert par leur chlorophylle. Les eaux méditerranéennes transparentes et bleues sont, en comparaison, désertiques.

On estime que, chaque année, 100 milliards de tonnes d'algues microscopiques grandissent au sein du plancton : une masse végétale presque aussi importante que la croissance annuelle de tous les arbres, de toutes les herbes, bref, de toutes les plantes de la Terre ! Pourtant, ces algues sont en général si ténues, qu'une goutte d'eau qui en contient des centaines semble parfaitement limpide.

Vitaux : les rayons du soleil

Cette excursion dans le monde du plancton vient de nous

faire découvrir les premières algues. Poursuivons donc notre promenade au pays des plantes marines.

Les grandes algues que vous pouvez voir sur les rivages, malgré leur apparence herbeuse ou feuillue, n'ont ni racines — ce sont de simples crampons — ni branches, ni feuilles réelles. Elles se composent d'une seule matière molle, caoutchouteuse : le *thalle.*

Les longues lanières des algues Durvillea *encombrent les rochers des îles Kerguelen.*

Un marché aux algues, *dans les îles Philippines.*

Les spécialistes des algues les ont classées en fonction de leur couleur : les vertes, les brunes et les rouges (les « algues bleues » dont on parle parfois sont en réalité des colonies d'algues unicellulaires, très primitives). Pour pousser, les grandes algues ont besoin d'un support sur lequel s'accrocher. Les unes choisiront graviers ou galets lisses, d'autres des rochers plus compacts ou plus rugueux, d'autres enfin les coques des navires ou les piles des quais.

Puisque les algues sont des plantes, pour vivre et se développer, la lumière du soleil leur est indispensable (l'eau ne leur manque pas !). Remarquez que le plancton végétal ne fait pas exception à ce besoin vital de lumière : toutes les algues microscopiques errantes meurent dès qu'un courant les entraîne dans les profondeurs où la lumière ne pénètre jamais.

Dans ces conditions, une seule solution est offerte aux plantes marines : vivre près du rivage ou à faible profondeur (quelques dizaines de mètres maximum). Ceci est impératif. Il faut se rappeler que toutes les formes branchues que montrent les photos des grands fonds sont en fait des animaux (coraux, anémones) et non des plantes.

Des « prairies » successives

Chaque espèce d'algue va donc proliférer là où la quantité de lumière qu'elle reçoit et la durée quotidienne d'immersion par la marée lui conviennent le mieux. Sur les rocailles à peine humides d'embruns, s'étalent tout d'abord quelques croûtes noirâtres ou orangées : ce sont des lichens, mi-algues et mi-champignons.

Immédiatement en dessous, sur les rochers atteints seulement par les eaux des plus fortes marées s'accrochent les *pelvéties* ; leurs touffes brunes s'assombrissent en séchant, dans l'attente de leur bain prochain. Un peu plus bas grandissent varechs et goémons : les *fucus.* D'innombrables poches de gaz leur servent de flotteurs. Leurs ramures pustuleuses ornent parfois les étalages des poissonniers.

Aux fucus se mêlent d'étonnantes algues de couleur vert pomme, comme les *ulves* ou « laitues de mer » et les « chevelures » des *entéromorphes.* Leur abondante chlorophylle nécessite un maximum de lumière solaire.

Au fur et à mesure que la mer découvre les fonds, de nouvelles espèces de fucus apparaissent. A leurs ramures, se mêlent les touffes et les langues magnifiques des algues rouges, beaucoup moins friandes de lumière que les algues vertes (corallines, « goémon à vache »...).

Cultiver des algues *sur des treillis immergés ne se fait pas encore chez nous. Mais Chinois et Japonais produisent déjà ainsi plus d'un million de tonnes d'algues par an !*

Enfin, sur les fonds les plus rarement dégagés, s'étirent les longues algues *laminaires*. Elles sont agrippées aux rochers par un gros bulbe; leurs rubans étalés, comme plastifiés, sont d'une extraordinaire robustesse, ce qui leur permet de résister aux assauts du ressac.

Les plus grandes algues du monde sont les macrocystis des eaux froides. Sur les côtes des terres australes elles avoisinent 100 mètres de long.

Des fleurs sous la mer

Mais si toutes les algues puisent leur énergie dans la lumière solaire, elles tirent leur nourriture de l'eau de mer. Rappelez-vous : ce sont les « sels nutritifs » dont nous avons déjà parlé. Sans eux, point de plantes dans l'océan. Les régions côtières et les zones de remontées d'eau profonde, riches en sels, engraissent donc grandes algues et masses flottantes de plancton végétal.

Les images sous-marines montrent parfois de vastes prairies ondulantes. Mais attention : ces « herbiers », comme disent les biologistes, ne sont pas constitués d'algues. Ce sont des *phanérogames,* un nom compliqué pour parler des « plantes à fleurs ». Oui, ces plantes sont des parentes noyées de nos herbes des champs. Contrairement aux algues, elles possèdent des racines qui puisent dans le sol une partie de leur nourriture. C'est ainsi que les herbiers de posidonies méditerranéennes voient le pollen de leurs fleurs emporté par le courant pour aller féconder d'autres fleurs de posidonies. Certaines de ces plantes perdent même leurs feuilles en automne...

Mais tout n'est pas si simple...

L'étonnante vie marine que nous sommes en train de découvrir est patiemment étudiée par les océanographes biologistes. Non seulement,

Savoir se dissimuler *est une bonne méthode, fort bien utilisée en particulier par certains poissons, pour chasser sans effort ou éviter d'être dévoré. Le poisson-flûte s'identifie ainsi aux algues qui l'entourent en prenant une position verticale. Le poisson antennaire lui, se confond parfaitement avec les algues flottantes de la mer des Sargasses. Il attire tranquillement ses proies grâce à un leurre de pêche qu'il agite devant lui.*

Y a-t-il des monstres marins ?

Dans les bocaux remplis de formol des laboratoires, les monstres marins n'existent pas. Bien sûr, les récits abondent où l'on voit de terribles serpents de mer dévorer hommes et navires, « crinière » au vent et yeux lumineux comme des phares de voiture ! Mais de preuves irréfutables, point. Tous les cas étudiés par les savants s'avèrent être des illusions d'optique (troncs d'arbres, tentacules de calmars, poissons-ruban) et les restes rejetés sur les plages ont toujours pu être identifiés (poissons décomposés). Quant aux poissons monstrueux des grandes profondeurs, même s'ils sont difformes ou terrifiants... ils ne mesurent généralement que quelques centimètres de long !

ils décrivent toutes les espèces pour les reconnaître, mais ils auscultent leurs organes, observent leur reproduction, recherchent leur menu préféré, dénichent leurs habitats, délimitent leurs territoires, suivent leurs migrations, étudient leur environnement et les relations qu'elles entretiennent avec les autres animaux et végétaux.

Tout cela est confus, délicat. Et les classifications apparemment simples qui en découlent doivent être considérées avec prudence. En effet, les hommes qui observent la nature essaient, pour la comprendre, de la simplifier. Par exemple en séparant animal et végétal, herbivores et carnivores, etc. Mais ces « frontières » ne sont pas toujours tracées avec autant de netteté.

Retenons pour simplifier que les êtres sont appelés *pélagiques* lorsqu'ils nagent ou dérivent à n'importe quelle profondeur que ce soit, pourvu qu'ils ne touchent jamais le fond (en grec, *« pelagos »* signifie pleine mer). En revanche, tous ceux qui vivent contre, sur ou dans le fond — marcheurs, fouisseurs, fixes ou mobiles — sont *benthi-*

ques, que ce soit sur les rochers du bord de mer ou au fond des plus profondes fosses (en grec, le fond se dit *« benthos »).* Les pêcheurs le savent bien, car ils utilisent des chaluts pélagiques pour pêcher entre deux eaux, et des chaluts benthiques pour racler le fond : les espèces récoltées sont totalement différentes.

A chacun son étage

Vie benthique et vie pélagique, voilà donc les deux grandes divisions du monde sous-marin. Mais pour chacun de ces modes de vie, une remarque d'importance s'impose : benthique ou pélagique, chaque espèce a sa profondeur préférée, son « étage ». L'enfoncement progressif sous les flots des différentes espèces d'algues nous l'avait fait pressentir. C'est exactement la même chose pour les animaux.

Bien sûr, pour eux, la lumière ne sera pas vitale, sauf si leur nourriture se constitue essentiellement d'algues. Mais la température de l'eau, la salinité, la pression seront choisies par chaque espèce.

Certains requins *possèdent jusqu'à 200 dents. Elles sont remplacées au fur et à mesure qu'elles tombent, comme poussées par un « tapis roulant ». L'estomac d'un requin est une brocante où l'on trouve des débris de poissons, de phoques, d'oiseaux, et même des boîtes et bouteilles perdues...*

Tout comme nous ne pourrions pas vivre dans les glaces du pôle ou au milieu d'un désert torride sans protection.

Si vers, mollusques, crustacés, poissons, oursins, éponges, coraux, etc., vivent dans les eaux du littoral, certains de leurs représentants préfèrent s'établir sur les pentes sous-marines des continents, à quelques centaines de mètres de profondeur ; d'autres vivront sur la plaine abyssale, tandis que les derniers hanteront les profondes fosses.

Il faut cependant souligner que la majorité des espèces se rencontre près de la surface ou par faible fond, car la nourriture végétale y est abondante. Un récif de corail baigné de lumière est le Tokyo surpeuplé des animaux marins — ils s'entassent même les uns sur les autres — par rapport aux grands fonds qui seraient plus proches du Sahara ! Il y aurait par exemple une masse 1 000 fois plus faible de plancton entre 6 000 et 6 500 mètres de profondeur, que dans les 50 premiers mètres au-dessous de la surface. Et on estime que les résultats sont comparables pour les autres animaux.

Toutefois, les photos prises sur la plaine abyssale mon-

Dans le noir absolu des abysses, *le chauliodus est balisé de points lumineux (en bas, à gauche). Quant au benthosaurus (ci-contre), il se pose au fond de l'océan sur ses nageoires, comme sur un trépied. Tous deux mesurent une trentaine de centimètres et peuvent vivre à 2 000 ou 3 000 mètres de profondeur.*

trent en général un animal bien visible pour une surface comparable à celle d'un appartement. On y reconnaît oursins, étoiles de mer, coraux, holothuries, éponges, crustacés... Les poissons existent aussi, mais fuient la caméra ! Cela pourrait représenter au mieux quelques centaines d'espèces... sur les 200 000 qui habitent les mers.

Les secrets d'une boîte de thon

En broutant dans un champ, les vaches y trouvent les aliments dont elles ont besoin. L'herbe elle-même a puisé sa nourriture dans le sol et son énergie dans la lumière du soleil. Et dans ce champ vivent aussi des vers, des mulots, des insectes, qui se dévorent mutuellement. On se trouve là en présence d'une « chaîne alimentaire ».

Dans les océans, il en va de même. La longue chaîne alimentaire y est tout aussi complexe, violente et touffue qu'à l'air libre.

Tout à la base se situent les algues planctoniques. Les savants appellent ce « fourrage » océanique la *production primaire.* N'oublions pas que les plantes sont les seules à

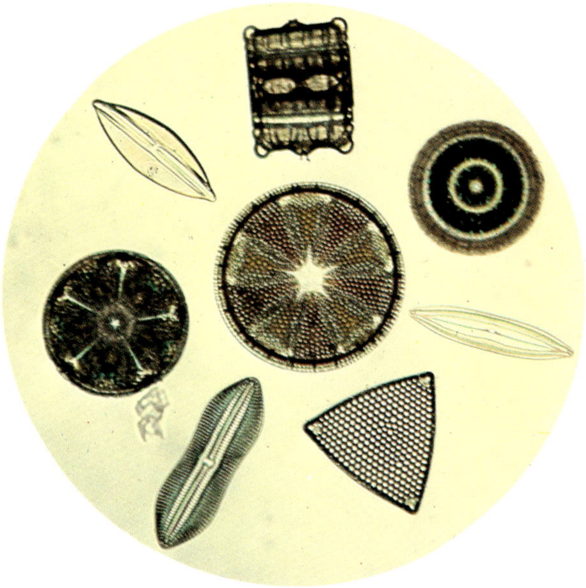

Comment « vivre » de lumière : la photosynthèse

L'eau de mer contient de nombreux corps dissous, parmi lesquels le gaz carbonique. Sous l'action des rayons du soleil et grâce à leur chlorophylle verte, les algues vont transformer le gaz carbonique et l'eau qui les entoure, pour se « charger » d'énergie. C'est la photosynthèse. En faisant cela, elles rejettent dans la mer un autre gaz très important pour la vie, celui que nous respirons, l'oxygène. Cet oxygène sera à son tour repris à la mer par les algues et tous les animaux marins pour leur respiration... en reconstruisant du gaz carbonique et de l'eau !
Ainsi commence le long cycle qu'aucune pollution ne doit briser... sous peine de mort pour toute la vie marine.

Les minuscules algues diatomées *sont à la base de la « chaîne alimentaire » océanique (à gauche). Cette chaîne se termine avec les grands carnivores (thons, requins)... ou avec les hommes et les oiseaux marins.*

être capables de puiser leur vitalité dans l'eau de mer et la lumière grâce à leur chlorophylle. Les animaux se contenteront ensuite de les manger pour s'approprier le résultat de cette prouesse — la *photosynthèse* — exclusivement réservée aux végétaux. Les premiers profiteurs sont les animalcules du plancton lui-même. Ils se feront ensuite dévorer par quelques poissons, que pourchasseront à leur tour de plus gros carnassiers, avant que l'homme vienne avec ses filets.

Cependant, à chacun de ces repas, la perte est colossale. Pour le comprendre, ouvrez une boîte de conserve qui vous livre 100 grammes de thon. Pour grossir de 100 grammes, le thon affamé a dû dévorer, disons, un kilo de harengs. Pour fabriquer ce kilo de chair, les harengs ont dû engloutir à leur tour 10 kilos d'animaux planctoniques. Et ces milliers d'animaux minuscules avaient dû auparavant brouter quelque 100 kilos d'algues microscopiques !

Telle est l'énorme consommation de vie que représente votre petite boîte de thon : 100 kilos d'algues suivis d'une longue chaîne dont chaque maillon n'utilise que 10 pour 100 de sa nourriture pour grossir. Tout le reste ne sert qu'à se déplacer, respirer, bref, survivre ! Voilà pourquoi il ne faut gaspiller ni viande, ni poisson : cela coûte très cher en énergie à la vie.

Un « recyclage » permanent

Dans l'océan comme ailleurs, la dernière boucle de la vie est la mort. Lorsqu'un animal meurt sans être dévoré ou pêché, sa chair se décompose, attaquée et digérée par des milliards de microbes dont ce « travail » est la spécialité : les *bactéries*.

Elles pullulent dans la mer, même dans l'épaisseur des sédiments. Mais leur tâche est magnifique : en « démolissant » les cadavres, elles rendent à l'eau de mer les matières minérales, dont les plantes — puis les poissons — se sont nourries, recyclant ainsi dans l'océan les matières indispensables à la vie (les sels nutritifs mais aussi d'autres éléments beaucoup plus complexes comme les vitamines, par exemple).

Dernier détail des repas sous-marins : à chacun sa table. Si vous comprenez faci-

***Les crabes** sont de redoutables prédateurs et de consciencieux fossoyeurs. Ils s'attaquent aux poissons, brisent les coquilles d'huîtres ou de moules pour s'en régaler, « nettoient » le fond des mers des cadavres qu'ils y trouvent.*

Ces coquilles Saint-Jacques *ont grandi en filtrant l'eau de mer pour se nourrir du plancton. Mais à leur tour, elles peuvent se faire dévorer, comme par ces frêles ophiures.*

lement que dans l'épaisseur des eaux les animaux se dévorent sans pitié pour vivre, qu'en est-il des êtres benthiques, cloués au sol ?

Là encore, la nature fait preuve d'une grande imagination : les êtres mobiles chassent évidemment (poissons, crustacés...), mais les autres attendent leur proie. Immobiles comme les ascidies ou les éponges, ils filtrent le courant d'eau qui les traverse (une seule éponge peut filtrer plus de 200 litres d'eau par jour) ; d'autres engourdissent quelques visiteurs imprudents par du poison (anémones, coraux) ; d'autres enfin mangeront la vase elle-même pour en retirer chairs mortes ou bactéries (holothuries, certains vers, certaines étoiles de mer). Mais sur les fonds abyssaux la nourriture est rare : rien ne doit se perdre. Les biologistes estiment même, très sérieusement, qu'une part importante de la nourriture des animaux qui y vivent sont les crottes mal digérées de leurs lointains compagnons de la surface !

L'océan, nouveau domaine des hommes

De tout temps les hommes ont été attirés par la mer, dit-on souvent. Mais ne serait-ce pas plutôt « par force » que les premiers hommes, voici des dizaines de milliers d'années, se sont retrouvés sur les flots ? Vraisemblablement à califourchon sur un tronc d'arbre en dérive, ils fuyaient un cataclysme (raz de marée, incendie, attaque ennemie...), beaucoup plus qu'ils ne partaient découvrir l'inconnu. Et puis, pourquoi auraient-ils risqué leur vie pour pêcher des poissons que leur offraient alors facilement les rivières ?

Pourtant, voici 40 000 ans, des chasseurs cueilleurs d'Asie du Sud-Est, contemporains des premiers hommes de Cro-Magnon, franchirent les quelque 70 kilomètres de mer qui les séparaient de l'Australie et s'y installèrent. Il faut dire qu'à cette époque, une forte glaciation abaissait nettement le niveau marin, reliant ainsi quelques îles actuelles à pied sec, ce qui facilita leur périlleuse entreprise. Puis, il y a 6 000 ou 7 000 ans, d'autres radeaux, partis également d'Asie, abordèrent peu à peu toutes les îles de l'océan Pacifique, utilisant vents et courants. Jusqu'à la fameuse île de Pâques, où les Polynésiens n'accostèrent que vers l'an 300 après Jésus-Christ.

En mer Méditerranée, les plongeurs passionnés d'histoire retrouvent dans la vase des fonds les restes des embarcations naufragées, des premiers âges à nos jours, témoins de tous les voyages. Phéniciens, Égyptiens, puis Grecs, Romains transportaient déjà graines et vins,

En 1534, Jacques Cartier *prend possession du Canada au nom du roi de France, François Ier.*

huile et poivre, mais aussi ivoire, perles, parfums... Les banquets de Rome étaient approvisionnés en thons d'Asie Mineure, dattes d'Égypte, cailles d'Afrique, beurre de l'Inde... On transportait également pierres des carrières et lingots de métaux (cuivre, étain, plomb...), céramiques ou œuvres d'art, sans parler du bétail ou des passagers.

Cette mappemonde *terminée en 1492 nous montre la géographie connue de la Terre, avant la découverte du Nouveau Monde.*

En 1970, le radeau « Râ » *de Thor Heyerdahl, construit comme ceux de l'ancienne Égypte, traverse l'Atlantique et atteint l'Amérique. Mais cela prouve-t-il que les Pharaons avaient précédé Christophe Colomb et les Vikings sur ces rivages ?*

On sait également qu'en 982 le Viking Eric le Rouge et ses compagnons, découvrirent les côtes du Groenland.

Plusieurs siècles plus tard, les grands navigateurs partirent à la découverte de la Terre. Malgré ce que l'on pense souvent, le plus populaire d'entre eux, Christophe Colomb, n'a pas découvert l'Amérique : elle était déjà connue des Normands depuis fort longtemps. Magellan, lui, fit le premier tour du monde en 1520. Toutes ces traversées furent parfois horribles : les marins à court de nourriture dévoraient rats et sciure.

Les années passèrent et d'autres navigateurs suivirent : Drake (1540-1596),

Tasman (1603-1659), Cook (1728-1779), La Pérouse (1741-1788), Bougainville (1729-1811)... On recherchait les terres riches et inconnues du sud du globe. En vain, hélas, car il n'existait que le continent glacé inhospitalier de l'Antarctique.

Mais l'exploration allait changer de visage.

Un domaine « domestiqué »

En 1872, partit d'Angleterre un navire baptisé *Challenger.* A son bord, de nombreux savants entamaient leur tour du monde : pendant plus de trois années, chimistes, biologistes, physiciens, géologues étudièrent ainsi les mers et les océans. Ce fut la première « campagne océanographique » de l'histoire.

Au cours des siècles de navigation, les inventions aidèrent au voyage. Gouvernail, rames et voiles furent certainement imaginés très vite. Mais aussi mastics divers, goudron, clous de cuivre et plaques de plomb, irremplaçables pour consolider les coques. Puis la boussole chinoise aida le marin à se diriger ; chronomètre et sextant lui permirent de se repérer — on dit « faire le point » — grâce à l'observation précise du mouvement des astres dans le ciel. Il fut désormais facile de se retrouver en mer, ou de situer une île, une côte, un golfe sur une carte. Enfin, l'hélice — la « vis à eau » de l'Antiquité — fut associée à un moteur que le charbon, puis le fuel et tout récemment l'énergie nucléaire ont fait ou font tourner.

Actuellement, 95 colis sur 100 transitent par bateau, du sac de blé à la voiture. Océans et mers ne sont plus des barrières entre les peuples, mais un lien que tous les moyens modernes tentent de renforcer : les émissions de radio et de télévision les franchissent grâce aux satellites artificiels, et des milliers de kilomètres de câbles téléphoniques sillonnent les fonds, reliant les continents en compagnie de conduites de gaz et de pétrole de plus en plus nombreuses. Et sur les côtes de France, ne parle-t-on pas toujours d'un pont ou d'un tunnel pour traverser la Manche, ce qui ferait de la Grande-Bretagne insulaire une vaste presqu'île de l'Europe continentale ?...

Plus les filets grandissent...

Chaque année, environ 70 millions de tonnes d'animaux marins sont pêchées dans le monde. Pourtant, il faudrait en récolter davantage, car cette pêche ne représente que le dixième à peine d'une nourriture indispensable à la vie des habitants de la Terre : les protéines. Quand on sait combien de personnes sont encore mal nourries et qu'en outre la population mondiale dépassera bientôt les 5 milliards d'individus, on mesure l'effort à faire pour les nourrir tous. La mer peut y aider.

Mais ce ne sera pas facile. Pêcher davantage de poissons ? L'énorme majorité des pêches actuelles provient des eaux côtières. Et c'est normal : la vie marine se nourrit surtout de plancton végétal, engraissé par les sels nutritifs abondant près des côtes. Un poisson sur deux est donc pêché dans ces zones qui n'occupent que 1/1 000 de la surface marine. Aussi est-il impossible d'espérer beaucoup mieux de ces régions.

Déjà, pour arriver à ce résultat, les pêcheurs ont augmenté la taille des filets, construit des navires mieux adaptés pour le maniement des « chaluts » (chalutiers à pêche arrière), utilisé des appareils modernes, les sonars, pour repérer les bancs de poissons, lancé de véritables navires-usines pour nettoyer et congeler le poisson sur place, plutôt que de le saler pour le conserver. Les Japonais, eux, partent même déployer de lon-

Le premier « hydroptère » *a été expérimenté sur la Seine en 1887. Aujourd'hui, ces sortes de hors-bord sur patins relient les nombreuses îles grecques de la mer Égée.*

gues lignes de plus de 150 kilomètres de long au milieu des océans, suivant les courants équatoriaux pour capturer les gros thons migrateurs, pendant qu'un peu partout, les marins apprennent à tirer les chaluts par grands fonds, ce qui n'est pas facile.

Mais les espèces se raréfient avec la profondeur. Alors, ne-comptons pas trop sur le miracle des abysses...

... plus les risques augmentent

Tous ces efforts recèlent cependant un danger : la « surpêche ». On appelle ainsi l'épuisement d'une espèce à un endroit donné, du fait qu'elle n'a plus le temps de se reproduire entre les coups de filets.

C'est ce qui s'est passé au large du Pérou. Aujourd'hui, les anchois qui faisaient naguère la richesse de ce pays se font rares dans les filets, car ils ont été inconsidérément surpêchés dans les années 70.

Pour résoudre ces problèmes, les biologistes étudient de plus près les mœurs des poissons, suivent leurs migrations, mais surtout estiment les quantités réelles d'animaux disponibles — ils disent les *stocks* — espèce par espèce. D'après leurs résultats, des tonnages de pêche — des *quotas* — à ne pas dépasser sont accordés aux pêcheurs des pays intéressés. Et il était temps ! A la suite des anchois du Pérou, harengs, morues, sardines, maquereaux, etc., commencent eux aussi à être, par endroits, menacés.

Une nette amélioration des pêches pourrait advenir si nous acceptions de manger des poissons nouveaux. Comme les « grenadiers » des profondeurs ou les « notothénias » de l'Antarctique que consomment déjà les Soviétiques. Et pourquoi ne pas pêcher davantage de calmars, de pieuvres, de seiches, à l'exemple des Asiatiques ? Dans les mers, ces animaux sont légion.

Quant à se nourrir directement du plancton présent dans l'eau de mer en quantité colossale, il y aurait sans doute de sérieux inconvénients. En effet, vu sa taille, sa récolte en grande quantité serait ruineuse (sauf dans le cas du krill dont se nourrissent les

Quelques heures de pêche traditionnelle *suffisent pour alimenter un village des côtes indiennes (en haut). Sur un chalutier moderne (ci-contre), les marins embarquent pour des semaines, et chaque « coup de chalut » peut remonter plusieurs tonnes de poissons.*

baleines). Sans compter que certaines espèces contiennent de minisquelettes peu digestibles ou quelques produits nocifs. Et pas question de trier ! Certes, des essais après transformation en pâte et en farine ont été tentés au Japon et aux États-Unis. Mais ils demeurent souvent au stade de l'expérimentation.

Les géants de la mer

Jonas, rapporte la Bible, aurait vécu dans le ventre d'une baleine. Des siècles et des siècles plus tard, en 1891, l'Américain Melville a imaginé, dans son roman *Moby Dick,* la lutte implacable entre un marin et un cachalot blanc d'une intelligence diabolique...

Les « baleines » ont toujours fasciné les hommes, qu'ils soient ou non gens de mer. On ne compte plus les récits et légendes concernant ces majestueux géants de haute mer. Pour les scientifiques, ce sont des *cétacés,* des mammifères.

On en dénombre environ 60 espèces. A l'inverse, précisément, des poissons, les cétacés ont une queue horizontale et non pas verticale. Au cours de leur évolution marine, les « jambes » ont totale-

Aux Açores, les pêcheurs *(à droite) chassent encore le cachalot au harpon à main. C'est un métier très dangereux.*

Le calmar géant Architeuthis *avoisine 20 mètres d'envergure. Mais le cachalot n'hésite pas à l'affronter jusque vers 1 000 mètres de profondeur.*

ment disparu et leurs « bras » se sont transformés en nageoires. Comme nous, ils respirent par des poumons, mais peuvent rester environ une heure en plongée (cachalot). Obligés donc de refaire surface pour « souffler », c'est à ce moment-là que les pêcheurs les harcèlent jusqu'à la mort. Les cétacés n'ont en général qu'un petit par portée, que les

A bord des navires océanographiques, *les chercheurs étudient l'eau, les roches et la vie marine, grâce à des laboratoires ultra-modernes. Ici, ils prélèvent du plancton dans l'océan Indien austral, à bord du* Marion-Dufresne.

mères allaitent pendant plusieurs mois. Leur durée de vie est de 20 à 30 ans.

Seules les vraies baleines se nourrissent de plancton en filtrant l'eau de mer à travers une passoire placée à l'entrée de leur bouche : les fanons. Elles doivent ainsi récolter une tonne de plancton par jour ! Les autres cétacés (dauphins, orques, cachalots...) possèdent de véritables dents et sont carnivores.

Le plus imposant des cétacés est sans nul doute la baleine bleue : elle peut atteindre 30 mètres de long et peser 130 tonnes. Le poids de 25 éléphants ! C'est le plus gros animal qui ait jamais existé sur la Terre avec le diplodocus.

Un long massacre

Basques et Norvégiens ont chassé les cétacés dès le xe siècle, suivis plus tard par les Hollandais, les Anglais, les Américains, et plus récemment par les Japonais, les Soviétiques et les Sud-Africains.

Les baleines sont chassées non seulement pour leur chair, mais aussi pour leur huile. Quant aux cachalots, leurs dents sont convoitées pour leur bel ivoire et l' « ambre gris » que contient leur estomac est recherché pour les parfums de luxe. En outre, leur énorme tête renferme le précieux « blanc de baleine », une sorte de cire utilisée dans les produits cosmétiques, pharmaceutiques ou autres. Bref, qui dit détergents, teintures, vernis, lubrifiants, margarines... parle souvent sans le savoir d'un cadavre de cétacé. Heureusement que la chimie moderne remplace de plus en plus ces produits naturels.

Chassés par dizaines de milliers chaque année, leur véritable hécatombe a commencé à la fin du siècle dernier, avec l'invention du canon lance-harpon.

Un équilibre à maîtriser

Puisque dans la mer tout animal se nourrit en fin de compte de plancton végétal, pourquoi ne pas forcer la croissance de ces micro-organismes pour rendre les eaux poissonneuses ? Comment ? En apportant les sels nutritifs dont le plancton a besoin.

Malgré son poids *— près de 50 tonnes — la baleine à bosse ou jubarte exécute de fantastiques pirouettes hors de l'eau.*

Oh ! bien sûr, pas en déversant des camions d'engrais parmi les vagues, mais en forçant les eaux profondes qui en sont riches à remonter en surface, à la lumière, pour que se multiplient ainsi les algues microscopiques. Et les projets les plus audacieux peuvent naître : pompes géantes ancrées au large, explosions sous-marines contrôlées... Plus prudemment, la réalité devra encore se contenter de modestes surfaces d'élevage. De plus, les microalgues, vite en surnombre, empêchent d'elles-mêmes la lumière de pénétrer dans les profondeurs et du même coup... en meurent. Tout un équilibre à maîtriser.

Il y aurait une autre possibilité : limiter les pertes naturelles. Tout d'abord en profitant mieux des « chaînes » alimentaires les plus courtes. Les coquillages par exemple se nourrissent sans intermédiaire, en filtrant directement l'eau de mer et son plancton. Profitons de cette formidable économie que nous offre la nature, et élevons davantage

Au Japon, des femmes-plongeurs *entretiennent les casiers des précieuses huîtres perlières. Cette aquaculture de luxe existe depuis le XIXe siècle.*

Ces cercles soutiennent *de grandes poches en filet où s'ébattent de jeunes saumons, à l'embouchure du Jaudy, en Bretagne. De telles « fermes » marines pratiquent une aquaculture de pointe.*

d'huîtres, de moules, de palourdes, de coquilles Saint-Jacques... Une idée aussi vieille que la Chine ou Rome, et de plus en plus exploitée.

Et sinon les copépodes, pourquoi pas le krill ?

En général, seuls les spécialistes connaissent les copépodes. Pourtant, ces minuscules crustacés planctoniques pullulent dans l'océan. « 90 pour 100 de la masse du zooplancton », disent les uns. « Plus nombreux que tous les animaux réunis », disent les autres. Leur masse totale serait égale à celle de tous les bovins (vaches, bœufs...) du monde entier et les spécialistes estiment que dans le seul golfe du Lion, leur poids égalerait celui d'un troupeau de 48 000 baleines !

Dans l'Antarctique, les copépodes se disputent la place avec le *krill*. C'est ainsi que les pêcheurs appellent les petites crevettes dont se nourrissent les baleines. Elles en consommeraient quelque 100 à 200 millions de tonnes chaque année. Deux fois plus que tous les poissons mangés par les hommes.

Depuis quelques années, les pêcheurs japonais et soviétiques se sont jetés sur cette aubaine. Mais le krill n'est pas toujours très digestible. Alors, on le lave, on le presse pour en faire une pâte présentée comme du « beurre de crevette »...

Une solution pour demain : l'aquaculture

Progressant dans la limitation des pertes, les biologistes ont compté les œufs pondus par les femelles de la faune marine : plus d'un million d'œufs par femelle chez certains poissons (morue, flet...) et 500 000 pour certai-

Demain peut-être... *verra-t-on de semblables atolls d'élevage s'organiser ici ou là, dans les eaux des mers tropicales. Mais aujourd'hui encore, ils coûteraient une fortune et leurs produits seraient hors de prix !*

nes crevettes. Or, l'écrasante majorité de ces œufs est dévorée ou non fécondée et guère plus d'un œuf sur 100 000 donne un adulte.

Jusqu'à présent, les essais de repeuplement direct des eaux du large en y déversant des millions de jeunes animaux ne semblent pas vraiment convaincants. Pourquoi ne pas tenter, alors, de les élever ? C'est la route qu'apprennent à suivre les éleveurs de saumons, de dorades, de turbots, de loups de mer, de crevettes... Les Japonais produisent déjà des milliers de tonnes de « sérioles » chaque année. Ce sont de beaux poissons de la famille des thons. Les jeunes, les *alevins,* sont pêchés en mer, puis engraissés sous surveillance. Très organisée, l'aquaculture japonaise fournit en un an deux fois plus de poissons, de crustacés, de coquillages que toute la pêche française pendant ce même temps. Un exemple à suivre, bien que les problèmes à résoudre soient difficiles (maladies, pollution des eaux, cycle biologique complexe, envahissement par des espèces indésirables...).

Pourtant, chez nous, les produits d'élevage restent souvent un luxe (homards, loups, saumons...). Les espèces élevées sont chères, en particulier parce qu'elles sont carnivores ; ainsi, pour obtenir un loup de mer de 1 kilo, il a fallu sacrifier 10 kilos de petits poissons pour le nourrir. Et les petits poissons avaient eux-mêmes broûté 100 kilos d'algues. Dans ce cas, pourquoi ne pas élever des poissons directement herbivores, comme les mulets ? Peut-être parce qu'ils ne se vendent pas assez cher ?

Dans un autre domaine, les grandes algues apportent également une contribution de plus en plus importante dans la vie des hommes. Comme aliments : les produits gélifiants de nombreux desserts et entremets sont tirés des algues. Mais aussi comme source d'engrais, de gaz naturel, de produits chimiques de toutes sortes (fabrication d'huiles, de vernis, de colles...). Et les laboratoires pharmaceutiques espèrent en retirer de plus en plus de médicaments.

Des mines au fond de l'océan...

Plantes et animaux marins ne sont pas les seules ressources que l'on peut tirer des océans. Industries et constructions demandent de plus en plus de matériaux divers et d'énergie. Une partie de ces besoins gît au fond des mers. Allons les chercher.

Une flottille de remorqueurs *hale une plate-forme pétrolière vers le site où elle doit être « posée » sur le fond de la mer. Là, le monstre de béton sera terminé pour que les forages puissent commencer.*

Le pétrole est incontestablement la ressource minérale marine la plus connue. Actuellement, environ un baril (= 158,8 litres) de pétrole sur 4 ou 5 est extrait des profondeurs des sédiments sous-marins. Le précieux liquide s'est formé au cours des ères géologiques en bord de côte ou dans les mers peu profondes comme la mer du Nord. Pour l'exploiter, ingénieurs et ouvriers ont dû construire de véritables usines sur pilotis, posées sur le fond de la mer. Ce sont les plates-formes de forage, dites *off-shore* (en anglais : « loin du rivage »). Perchées sur de puissants pilotis en béton ou en treillis métallique, elles pèsent jusqu'à 100 fois le poids de la tour Eiffel, soit près de 700 000 tonnes. Malgré les énormes difficultés techniques, on songe de plus en plus à exploiter le pétrole « profond », dont les réserves gisent sous plus de 1 000 mètres d'eau, à quelques milliers de mètres de profondeur dans la roche sous-marine. Un avenir difficile quand on sait qu'aujourd'hui les plates-formes forent rarement sous plus de 200 mètres d'eau. Mais les premiers essais ont néanmoins commencé et semblent concluants.

... et des « carrières » à fleur d'eau

Plus près des côtes, par faible fond, de puissantes dragues remontent chaque année un autre trésor indispensable à l'industrie des hommes : des milliers de tonnes de sable et de graviers, utilisées dans les constructions (routes, édifices...). Mais attention : il faut veiller à ce que ces destructions du sol sous-marin ne perturbent pas gravement l'équilibre de la vie complexe du fond des mers.

Ce n'est pas tout. Depuis des siècles et des siècles, les rivières charrient des matériaux de toutes tailles, extraits du sol par les jeux de l'érosion. Dans les estuaires et les anciens lits des rivières, aujourd'hui noyés par les variations du niveau marin, se retrouvent ces dépôts que les industriels appellent *placers.* Ce sont des zones sédimentaires riches en matériaux exploitables. C'est ainsi

Le but de l'océanographie *est d'étudier l'univers marin. Des vagues et des embruns, jusqu'au cœur des roches sous-marines. Pour cela, de nombreux appareils, dirigés depuis la surface ou largués sur le fond, prélèvent et enregistrent sans relâche.*

que l'on récupère de l'or au large de l'Alaska et de la Sibérie, de l'étain en Asie du Sud-Est ou des diamants sur les côtes d'Afrique du Sud. Au Japon, en Chine, en Grande-Bretagne, des galeries de mines poursuivent également depuis la côte les veines de charbon dans l'épaisseur des fonds marins. Voilà pour la réalité présente.

Perspectives d'avenir

Quels sont les projets à venir ? On peut citer l'exploitation des phosphates sous-marins, rassemblés par millions de tonnes sur les rebords des plateaux continentaux. Ce produit, aujourd'hui exploité en quantité suffisante à terre, est un engrais indispensable pour l'agriculture moderne.

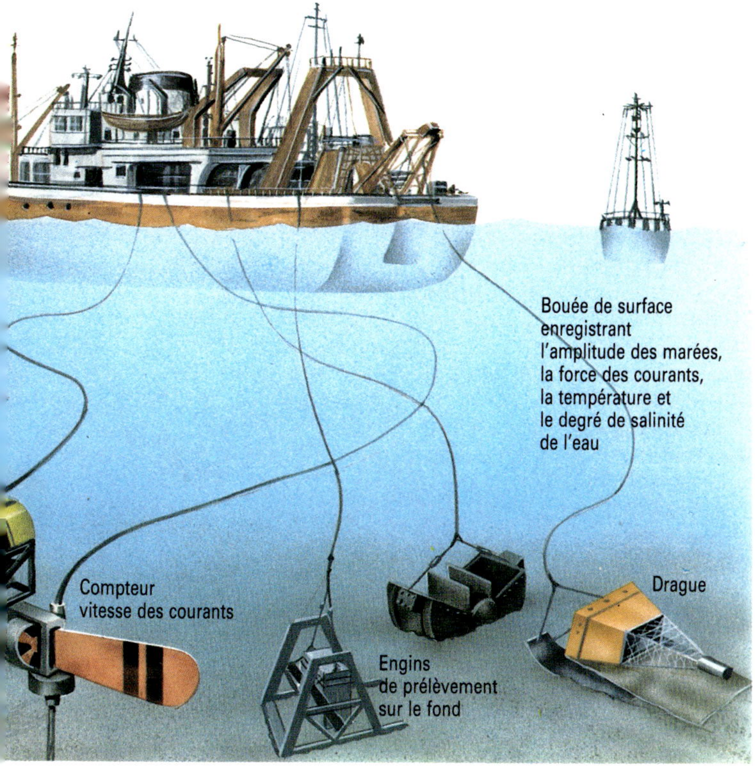

Les spécialistes pensent *qu'il sera un jour rentable d'exploiter les champs de nodules du Pacifique Nord. D'autres sites sont régulièrement découverts, comme ici dans l'océan Indien.*

Et comme 5 tonnes de blé demandent environ une tonne de phosphate, les réserves marines seront peut-être un jour les bienvenues.

Mais les vedettes préférées des futuristes de l'an 2000, ce sont les nodules. Imaginez des boules noires, un peu comme des truffes ou des pommes de terre brûlées. On en trouve des champs entiers, disposés régulièrement sur le fond des océans, entre 3 000 et 6 000 mètres. Les savants ne connaissent pas encore le secret de leur formation pierreuse. Elle semble très lente (3 millimètres par million d'années) et d'origine chimique. Mais dans ces conditions, comment ces nodules restent-ils à la surface du sol, au lieu de se faire ensevelir par les sédiments ? Les opinions des plus grands spécialistes diffèrent. Surtout depuis que l'on a découvert d'épaisses croûtes, relativement récentes. Ce qui est sûr, c'est leur richesse en métaux précieux pour l'industrie.

Commercialement, le nickel, le cuivre et le cobalt des nodules sont du plus grand intérêt (et ils contiennent aussi énormément de manganèse et de fer). Seulement voilà : comment les remonter par milliers de tonnes chaque jour à la surface ? Autant prétendre ramasser des grains de riz avec une paille... depuis le haut d'un gratte-ciel ! On a essayé de longues chaînes de godets géants, puis d'énormes aspirateurs ; enfin, dernière idée née des cartons des ingénieurs, on pense à une navette d'énormes engins qui descendraient sur le fond, racleraient les nodules et remonteraient en un ballet perpétuel, réglé par ordinateur et télécommandé depuis une usine flottante restée en surface. Oui, mais on a découvert, en étudiant en détail les fonds de l'océan Pacifique — les plus riches en nodules — que ces fonds sont entaillés de petites falaises et de petits cratères imprévus qui ne faciliteront pas le

Une étrange source d'eau douce : *un iceberg remorqué jusqu'aux côtes désertiques de l'Arabie Saoudite... Ce n'est encore qu'un simple projet. Qui osera le réaliser ?*

A qui appartient l'océan ?

Ce qui est chez vous est à vous. De même, les pays sont « propriétaires » de leurs rivages et des eaux qui les bordent. Mais au large, à qui l'océan appartient-il ? Chaque gouvernement dit : « Le plateau continental qui prolonge mon territoire sous les flots, avant de s'enfoncer vers les abysses, est à moi. Et je le partagerai, s'il existe un autre propriétaire. »
Mais aujourd'hui, les pays maritimes étendent leurs droits de propriété jusqu'à 370 kilomètres des côtes (200 milles marins). Et même si le milieu des océans reste « patrimoine commun de l'humanité », les pays pauvres se défendent mal... Quant à ceux qui ne possèdent pas de côtes, ils sont furieux ! Une affaire difficile, que les Nations Unies tentent de démêler depuis des années...

ramassage automatique des minerais...

Reste enfin le rêve des « saumures chaudes » du fond de la mer Rouge. Quelques cuvettes profondes y sont remplies d'une eau saumâtre très dense, chauffée à quelque 60 °C et gorgée de métaux divers. Les pompera-t-on un jour ?

Les ressources de l'eau de mer

Imaginez une immense cuve en verre de 10 mètres de côté. Remplissez-la d'eau de mer. Elle en contiendra 1 000 m^3. Que voyez-vous ? Rien : de l'eau à peine bleutée par l'épaisseur. Pourtant, ces 1 000 m^3 renferment environ 30 tonnes de sel de cuisine dissous, 1,3 tonne de magnésium, quelques centaines de kilos de soufre, de calcium, de potassium, 65 kilos de brome, 28 kilos de carbone, quelques kilos d'une demi-douzaine d'autres corps, sans oublier 10 grammes de fer, de zinc, d'aluminium, mais aussi 3 grammes d'uranium, et même 240 milligrammes d'argent et 6 milligrammes d'or ! Et la liste n'est pas complète, loin de là.

Au total, l'océan mondial dissimule 10 millions de tonnes d'or. Un trésor que les Allemands ont tenté de soustraire à la mer à la fin de la Première Guerre mondiale... Mais l'or ainsi obtenu revient infiniment plus cher que celui des banques !

Sur l'estuaire de la Rance, en Bretagne, *la plus importante usine marémotrice du monde fonctionne depuis 1967. L'eau s'écoule dans une conduite forcée (1), grâce à la différence de niveau due à la marée. Elle actionne des turbines (2) qui produisent l'électricité (photo ci-contre). Le mouvement s'inverse lors du reflux (3).*

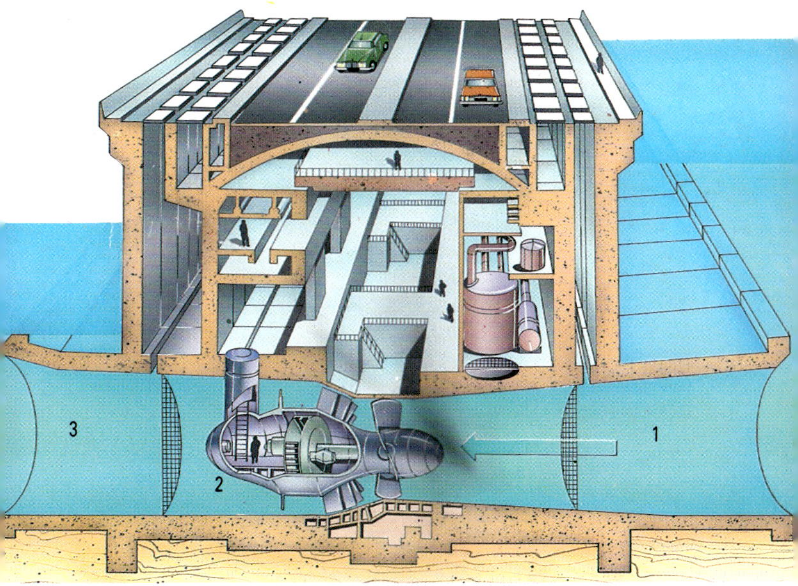

Toutefois, certaines extractions à partir de l'eau de mer sont quotidiennement réalisées. Ainsi sont soutirées à l'océan la majeure partie du sel de cuisine et la quasi-totalité du brome et du magnésium. Le magnésium est utilisé dans la construction des avions aussi bien qu'en pharmacie ou dans l'industrie chimique ; quant au brome, il est connu des photographes (les pellicules photo en contiennent). Pour le reste, on pense récupérer de l'uranium, indispensable pour les centrales nucléaires, s'il vient à coûter trop cher. Mais, c'est à peu près tout.

Dans les pays désertiques, le manque d'eau douce est un véritable drame. Des pays comme le Koweït ou Israël ont donc construit des usines pour dessaler l'eau de mer. Mais cette eau revient très cher. Et que faire des excès de sels extraits de la mer ?

Une puissance fantastique

Mais les océans, répétons-le, représentent aussi une incroyable réserve d'énergie. Comment l'utiliser ? Car un Européen consomme chaque année l'équivalent en énergie de 5 tonnes de charbon (17 fois plus qu'un Indien, mais 2 à 3 fois moins qu'un Américain). On peut tout d'abord songer à transformer les mouvements de la mer en électricité en faisant tourner des turbines et des générateurs électriques. Des séries

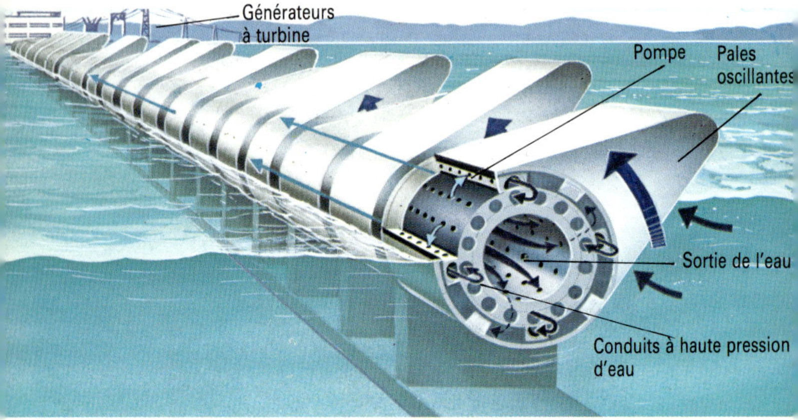

Deux projets de récupération de l'énergie de la mer *pour produire de l'électricité. Le premier (à droite), utilise la différence de température entre le fond et la surface de l'océan en se servant d'un écoulement de gaz d'ammoniaque pour actionner un générateur électrique. L'eau chaude vaporise l'ammoniaque que l'eau froide reliquéfie, et le « cycle » recommence sans fin. Dans le deuxième projet (à gauche), les vagues font osciller de grandes pales qui pompent de l'eau et la forcent à circuler dans des turbines d'une petite usine électrique.*
De tels projets présentent encore de sérieuses difficultés techniques.

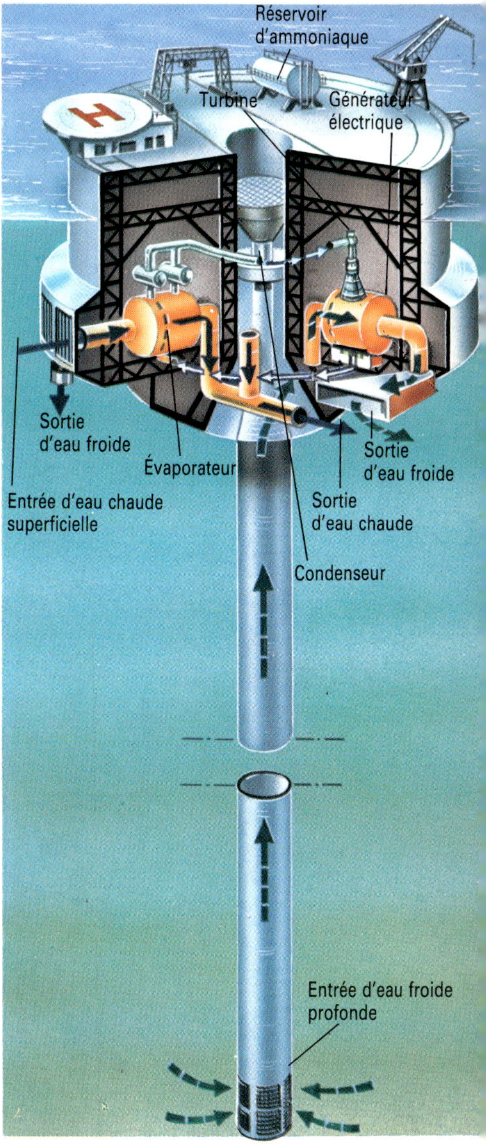

de clapets géants pourraient battre au rythme des vagues, ou des groupes d'hélices pourraient être entraînés par les courants...

Cependant, aujourd'hui, la seule réalisation effective est l'usine marémotrice. Barrant l'estuaire de la Rance, en Bretagne, où la marée est très importante, une digue retient l'eau de mer deux fois par jour, la laissant ensuite s'échapper à marée basse par des conduites équipées de turbines. Ce va-et-vient de la mer dans les turbines produit de l'électricité. Mais les sites propices à la construction d'usines marémotrices sont rares de par le monde. Quant à détourner des courants marins ou barrer des mers entières, cela semble pour l'instant irréaliste.

Et si l'on récupérait la colossale énergie emmagasinée sous forme de chaleur à la surface des mers tropicales ? Dans ces régions, la différence de température entre le fond et la surface de la mer peut atteindre 20 ou 30 °C. Sans entrer dans des détails difficiles à saisir, sachons qu'un moteur peut fonctionner et produire de l'électricité grâce uniquement à une différence de température (c'est l'inverse de ce qui se produit dans un réfrigérateur, où un moteur consomme de l'électricité pour créer une différence de température). Des essais ont été faits dès le début du siècle. Mais aller chercher de l'eau froide à près de 1 000 mètres de profondeur n'est pas facile. Reste pourtant que le projet est sérieux. De plus, l'eau froide pompée en profondeur est riche en sels minéraux. A cette usine électrique flottante pourrait donc être associée une ferme marine dont les élevages seraient engraissés par les remontées forcées de sels nutritifs. « Essayons », disent banquiers et chefs d'États.

Un trésor à préserver...

Pour conclure cette promenade dans l'avenir, il est juste, sans vouloir être pessimiste, de parler de la pollution. Pour vous, qu'est-ce que c'est ? Surtout des pétroliers accidentés qui déversent leur cargaison toxique dans la mer. Et vous avez raison : une seule tonne de pétrole perdue en mer peut se répandre sur 1 200 hectares. Or, c'est par des centaines de milliers de tonnes de pétrole que la mer est polluée chaque année. Près des côtes, les effets sont catastrophiques car la vie s'y concentre. Cela gêne les échanges multiples qui existent entre l'océan et l'atmosphère. D'une manière plus

Atmosphère et océans échangent sans cesse *vapeurs, embruns, poussières, gaz (ci-dessus)... Évitons donc les fumées toxiques que l'on retrouve au fond des océans ou sur les glaces polaires, ainsi que les catastrophiques « marées noires » (ci-contre).*

visible, cela tue poissons, algues, plancton ; englue les ailes des oiseaux pêcheurs ; ou coule sur les fonds, contaminant ainsi la vie qui s'y était établie. Ce fléau de la vie moderne doit à tout prix être évité.

Déjà de nombreuses techniques de lutte contre la pollution pétrolière ont été mises au point (produits chimiques, écrémeuse de pétrole...), mais aucune n'est parfaite. Alors, que les tribunaux internationaux dressent de sérieuses amendes aux fauteurs d'accident !

Autre source de pollution marine, les produits chimiques rejetés par les usines (fumées, boues...) ou par les égouts. Non seulement nos

déchets quotidiens encrassent les fonds et ensevelissent la vie benthique près des déversoirs, mais il y a plus grave : de dangereux produits sont ainsi dissous par les eaux et peuvent se répandre sur de grandes surfaces. Digérés par les animaux marins, ils se concentrent dans leur chair et peuvent devenir toxiques sinon mortels pour les humains qui mangeront ces animaux pollués. Tel fut le drame de Minamata, au Japon, où des dizaines de personnes sont mortes pour avoir mangé des poissons pollués par le très dangereux mercure. Les biologistes parlent également des méfaits du plomb, du cuivre, de l'arsenic, du D.D.T. dont les traces se retrouvent jusqu'au fond des océans.

... dès à présent

L'atmosphère de la Terre est elle-même polluée par nos industries, ce qui pourrait avoir de graves conséquences pour notre avenir. Certains savants estiment par exemple que l'excès de gaz carbonique dû à nos usines et nos voitures pourrait bien modifier le climat de la planète... et accélérer la fonte des glaces polaires. D'autres pensent cependant que l'océan serait capable d'absorber la majeure partie de ce gaz, ce qui éloignerait tout danger. Mais il serait imprudent d'attendre de savoir qui a raison pour réagir. Car la nature demande des dizaines d'années, sinon des siècles, pour réparer nos erreurs. Que les anchois du Pérou ou les eaux mortes des golfes industriels nous servent de leçon.

Face à ces dangers, les usines qui fabriquent des produits nocifs sont de plus en plus amenées à s'équiper de dispositifs anti-pollution.

Dernière pollution des hommes : la radioactivité. S'il est à souhaiter que les bombes atomiques ne déversent plus jamais dans l'atmosphère — et dans la mer par l'intermédiaire des pluies — leurs déchets, nous devons veiller à une autre imprudence : ne plus se servir des profondeurs océaniques pour dissimuler les résidus radioactifs concentrés de nos usines nucléaires, car n'oublions pas que les courants les font voyager des siècles durant...

Garder l'océan, le protéger de nous-mêmes en respectant ses lois que ce livre vient peut-être de vous faire découvrir, telle doit être une des grandes tâches des générations à venir. Ce travail a d'ailleurs déjà commencé. Continuons-le.

Index

Les chiffres en italique renvoient aux illustrations.

Table des matières

ources iconographiques

-P. Allard : 2, 9, 15. Annunziata (Tout l'Univers) : 35B. P. Avérous : 30, 35H, 55H, 58, 68 (TAAF). -M. Baufle/Muséum d'Histoire Naturelle de Paris : 25. M. Béranger : 71B. C. Brenders : 23, 31, 45, 6, extraits de La Vie Secrète des Bêtes « Les bords de mer ». CEDRI/Bevilacque : 44. Cressi Sub Tout l'Univers) : 27B. Documentation Française/J.-P. Verney, Ministère de l'Agriculture : 75B. Elf-quitaine : 16. Esso : 65. Explorer/Loirat : 6. D. Grant : 5, 17. Hachette/B.N. Paris : 50. Hachette/Tan-uy de Rémur : 18-19. M. Hétier : 60. I.P.S. : 13. Jacana/Sundance : 41. F. Jolivot : 53. P. Joubert : 49 xtrait de La Vie Privée des Hommes « Au temps des Mayas, des Aztèques et des Incas ». auros/Giraudon, B.N. Paris : 50. Marina-Cedri/CNEXO, C. Rives : 61. Marka/mauri (Tout l'Univers) : 1. NASA : 12. G. Neri (Tout l'Univers) : 69. J. Olivier : 24, 28, 29, 39, 42, 56, 57, 59, extraits de La Vie ecrète des Bêtes « Les océans ». Rapho : 32-33 (Schulke), 55 (Lucas, Tout l'Univers). SODEL/Baran-er : 71H. Total : 21. Vautier-Decool : 75H. Dessins extraits de TOUT L'UNIVERS : Diagram Visual nformation Ltd, Londres : 33. G.G. Gallerani : 27H. M. Russo : 37, 62-63, 72, 73.

Imprimé en France par Hérissey, Évreux
N° d'imprimeur : 40732
Dépôt légal : 2146-8-1986
ISBN 2-01-009359-3
29-64-0325-02
29/0325/0
86-VIII